Made in the USA
Las Vegas, NV
23 August 2024

94342086R00057